我来到这个世界为的是看太阳，而一旦天光熄灭，我也仍将歌唱······
我要歌颂太阳，直到人生的最后时光！

————（俄）巴尔蒙特

错过了太阳，你还在哭泣，你将会再错过星星。

我相信，群星中总有一颗星星会引领我的生命，穿越不可知的黑暗。

————（印）泰戈尔

听，一颗星星落地作响！你别赤脚在这草地上散步，我的花园里到处
是星星的碎片。

———（芬兰）索德格朗

今夜，面对不瞬的星光，我在藤架下向伟大的时空膜拜。

让向往的不朽，像儿童松开的小手里的玩具，落入尘埃飘逝吧！

———（印）泰戈尔